BEI GRIN MACHT SICH IHR WISSEN BEZAHLT

Jean-Marie Schwarzkopf

Glaziale Prozesse und Formen

GRIN Verlag

Bibliografische Information der Deutschen Nationalbibliothek:

Die Deutsche Bibliothek verzeichnet diese Publikation in der Deutschen National-
bibliografie; detaillierte bibliografische Daten sind im Internet über http://dnb.d-
nb.de/ abrufbar.

Impressum:

Copyright © 2008 GRIN Verlag, Open Publishing GmbH
Druck und Bindung: Books on Demand GmbH, Norderstedt Germany
ISBN: 978-3-656-24624-4

Dieses Buch bei GRIN:

http://www.grin.com/de/e-book/198245/glaziale-prozesse-und-formen

GRIN - Your knowledge has value

Der GRIN Verlag publiziert seit 1998 wissenschaftliche Arbeiten von Studenten, Hochschullehrern und anderen Akademikern als eBook und gedrucktes Buch. Die Verlagswebsite www.grin.com ist die ideale Plattform zur Veröffentlichung von Hausarbeiten, Abschlussarbeiten, wissenschaftlichen Aufsätzen, Dissertationen und Fachbüchern.

Besuchen Sie uns im Internet:

http://www.grin.com/

http://www.facebook.com/grincom

http://www.twitter.com/grin_com

Universität Bayreuth
Lehrstuhl für Geomorphologie

Unterseminar im Grundstudium im Studiengang
Lehramt Geographie im Wintersemester 2008

Seminararbeit zum Thema

Glaziale Prozesse und Formen

Bearbeiter: Jean-Marie Schwarzkopf

3. Fachsemester Geographie Lehramt

Abgabe: 19.11.2008

Inhaltsverzeichnis

1. Gletscher

Ungefähr 77% des Süßwasseranteils der Erde ist gefroren und befindet sich nahezu ruhend an zwei Orten – Grönland und Antarktis.[1] Weitaus kleinere Süßwasserspeicher sind in den Hochgebirgen zu finden. Dieses Gletschereis bedeckt fast 10% der Festlandsfläche (14,9 Mio. km²). Als im Pleistozän eine letzte große Vereisung vorherrschte, wurde mehr als 30% der Landmasse durch die Gletscher abgedeckt (44,4 Mio. km²). Diese Zahlen machen deutlich, welch starke Massen in Gletschergebieten auf den Boden wirken. Wenn man das unmittelbare Umfeld eines Gletschers, also den Eisrand, betrachtet, wird die Morphodynamik ziemlich schnell erkennbar. Entweder wirkt das vorrückende oder abschmelzende Eis direkt am Untergrund oder das Schmelzwasser, das durch den Gletscher verursacht wurde, prägt den Untergrund indirekt. Weitgehend verborgen bleiben allerdings die geomorphologischen Auswirkungen innerhalb des Gletschers unter dem Eis. Wenn der Gletscher abschmilzt, werden diese offengelegt. Erst jetzt kann man die Wirkungen des Eises und des Schmelzwassers auf der Erdoberfläche genauer studieren.[2]

In diesen Fällen entsteht ein Formenschatz, der auch als glazialer Formenschatz bezeichnet wird. Obwohl die Wirkung des fließenden Wassers großen Anteil an dieser Entstehung hat, denn überall da, wo es Gletscher gibt, gibt es auch Schmelzwasser, ist dies eine sinnvolle Bezeichnung. Die formschaffende Wirkung von Schmelzwasser rechtfertigt überdies, dass man sie als fluvioglazial oder glazifluvial nennt.[3]

Großen Einfluss auf die Wärme- und Strahlungsbilanz der Erde übt das Gletschereis Grönlands und Antarktis aus. Wie oben schon erwähnt sind die riesigen Eismassen im festen Aggregatzustand gespeichertes Wasser, die einen großen Bestandteil der Wasserbilanz auf der Erde bilden. Kommt es aufgrund von Umwelteinflüssen zu Veränderungen der gespeicherten Eismassen, könnte dies große Auswirkungen auf das Niveau des Meeresspiegels im Vergleich zu den Landgebieten haben. Nach der letzten Vereisung der Eiszeit im Pleistozän kam es zu Abschmelzungsprozessen, die dazu geführt haben, dass der Meeresspiegel angestiegen ist und dabei haben sich die heutigen Küstenformen entwickelt.[4]

2. Gletscherentstehung

Die Gletscherbildung beginnt damit, dass im Winter ausgiebig Neuschnee fällt, aber im Sommer der Schnee nicht abschmilzt. Die Schneemenge, die jährlich den Gletscher speist, nennt man **Akkumulation**. Optimale Bedingungen für den Schnee finden sich in den höheren Breiten, z.B. in polaren und subpolaren Gebieten und in Gebirgen, wo niedrige Temperaturen vorherrschen. „In den höheren Brei-

[1] CHRISTOPHERSON, R. W. (2006), New Jersey, S. 531

[2] ZEPP, H. (2004), Paderborn, S. 186

[3] LOUIS, H. und FISCHER, K. (1979), Berlin und New York, S. 414 f.

[4] STRAHLER, A. H. und STRAHLER, A. N. (2002), Stuttgart, S. 469

ten ist es kälter, weil der Winkel zwischen der Sonneneinstrahlung und der Erdoberfläche in Richtung auf die Pole hin abnimmt. In großen Höhen ist es deswegen kalt, weil die untersten zehn Kilometer der Atmosphäre mit zunehmender Entfernung von der Erdoberfläche abkühlen."[5] Wenn genügend Schneemasse fällt, werden die tieferen Schneeschichten durch die Last des Neuschnees komprimiert und die Kristallstruktur verändert sich (**Umkristallisation**). Es kommt zur Bildung von Firn, der grobkörniger als Schnee ist und der auch als Altschnee bezeichnet wird, der mindestens eine Ablationsphase überdauert hat.[6]

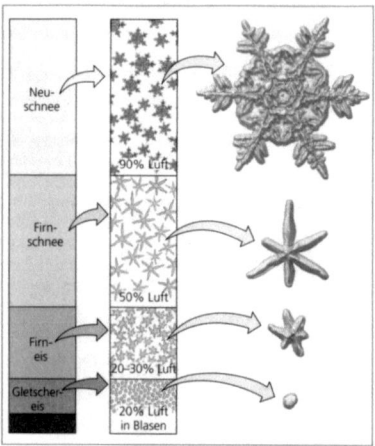

Abbildung 1: Metamorphose

Quelle: PRESS, F. und SIEVER, R. (2008), Heidelberg, S. 580

Durch den Druck neuer Auflasten, wird die Körnung wieder stärker vergröbert und es bildet sich Gletschereis. Bei diesem Prozess werden verschiedene Stadien durchlaufen. Schneekristalle gehen in körnigen Firn über, dann in Firneis und schließlich bildet sich kompaktes Gletschereis durch Sammelkristallisation. Diese Umwandlung wird als **Metamorphose** bezeichnet. Der gesamte Vorgang kann zehn bis zwanzig Jahre dauern. Bei der Veränderung der einzelnen Kristalle kommt es zur Zunahme der Dichte und zur Abnahme eingeschlossener Luft.[7]

3. Gletscherdefinition

Gletscher sind nach den obigen Angaben also so definiert, dass die Eismassen, die sich durch Metamorphose aus Schnee gebildet haben, aus körnigem Firn und Eis bestehen. Sie haben Gesteinsmaterial

---

[5] PRESS, F. und SIEVER, R. (1995), Heidelberg, Berlin und Oxford, S. 330

[6] ZEPP, H. (2004), Paderborn, S. 186 f.

[7] PRESS, F. und SIEVER, R. (1995), Heidelberg, Berlin und Oxford, S. 328-332

und Gaseinschlüsse in sich. Während sie sich vom Nährgebiet zum Zehrgebiet bewegen, verformen sie das Relief.

4. Massenbilanz

Sobald der Gletscher durch die **Akkumulation** (Schneefall im Nährgebiet) eine ausreichende Größe und Dicke erreicht hat, beginnt der Bewegungsprozess. Der Gletscher fließt nun hangab- und talauswärts. Er gelangt durch die Abwärtsbewegung in niedrigere Höhenlagen. Dort liegt die Temperatur über dem Gefrierpunkt (Abschmelzprozess). Wenn der Gletscher sich aber zur Küste hin bewegt, kommt es dazu, dass Eisschollen von der Gletschermasse abbrechen und zu Eisbergen werden. Dieser Prozess wird auch Kalben von Eisbergen genannt. Durch das Kalben und durch das Abschmelzen verliert der Gletscher am meisten Eismasse. „Die Differenz zwischen Akkumulation und Ablation, der Nettohaushalt, bestimmt entweder das Wachstum oder den Rückzug eines Gletschers." „Wenn die Akkumulation die Ablation übersteigt, stößt der Gletscher vor; wenn umgekehrt die Ablation gegenüber der Akkumulation überwiegt, zieht er sich zurück."[7]

In der Aufsicht eines Gletschers gibt es eine Gleichgewichtslinie, die das **Nährgebiet** (Akkumulationsgebiet; oberer Teil des Gletschers) vom **Zehrgebiet** (Ablationsgebiet; unterer Teil des Gletschers) trennt. Der unterste Teil bei Gebirgsgletschern wird oft Gletscherzunge genannt, weil dieser Teil zungenartig geformt ist. [6]

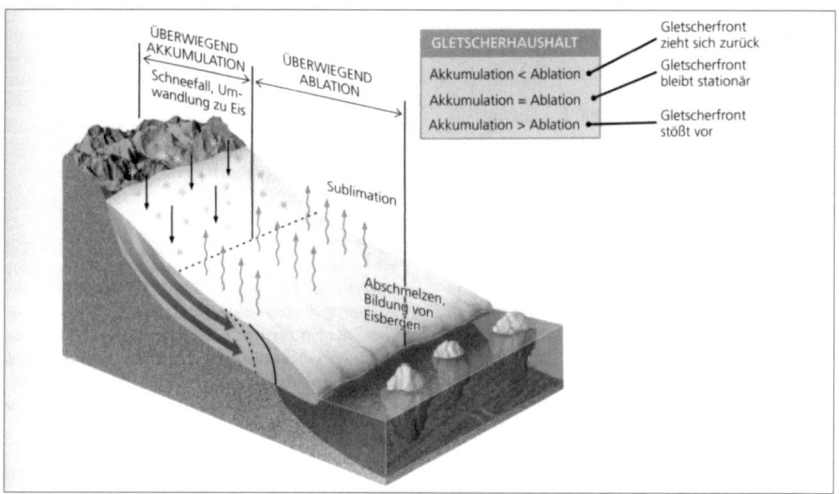

Abbildung 2: Gletscherhaushalt

Quelle: PRESS, F. und SIEVER, R. (2008), Heidelberg, S. 581

Unter **Ablation** versteht man die Prozesse, die zum Abschmelzen des Gletschers führen:

- Abschmelzen bedeutet, dass das Eis schmilzt und der Gletscher Substanz verliert
- Wenn der Gletscher bis an die Meeresküste vordringt, kommt es dazu, dass sich Eismassen lösen und als Eisberge durch das Meer schwimmen (**Kalben**)
- Wenn das Gletschereis in kalten Gebieten direkt vom festen in den gasförmigen Aggregatzustand übergeht, nennt man das **Sublimation**[8]

5. Gletscherbewegung

Gletscher bewegen sich mit unterschiedlichen Geschwindigkeiten und Bewegungstypen. Aufgrund der langsamen Fließgeschwindigkeiten sind diese Fortschritte für den Menschen nicht wahrnehmbar. Damit es überhaupt zu einer Gletscherbewegung kommen kann, benötigt es wichtige Voraussetzungen:

- Fester Niederschlag
- Relief
- Gefälle
- Schwerkraft

Beispiel für Gletscherbewegung[9]

Gletscher	Bewegung Meter pro Jahr
Alpengletscher	30 bis 150 m/Jahr
Gletscher im Himalaya	500 bis 1500 m/Jahr
Randgletscher des grönländischen Inlandeises	3000 bis 10000 m/Jahr

Nach PRESS & SIEVER vollzieht sich die Bewegung des Gletschers durch:

- **Plastisches Fließen** (Deformation): Durch hohen Druck innerhalb des Gletschers kommt es zur Verformung der Eiskristalle (Verschiebungen der Korngrenzen und der Netzebenen der Kristallgitter) um zehn Millionstel Millimeter, die aufsummiert auf die vielen Eiskristalle das plastische Fließen ermöglicht. Vor allem tritt diese Bewegung in sehr kalten Gebieten auf, wo sich die Temperatur des Gletschers und der Gletschersohle unter dem Gefrierpunkt befindet. Die Gletschersohle ist bei kalten Gletschern dann mit dem Boden festgefroren. Sobald sich der

---

[8] PRESS, F. und SIEVER, R. (2008), Heidelberg, S. 580

[9] ZEPP, H. (2004), Paderborn, S. 188 ff.

Teil oberhalb des Gletschers fortbewegt, muss sich daraufhin auch die Gletschersohle bewegen, wobei diese dabei alle lösbaren Bruchstücke oder Gestein losreißt. Die Geschwindigkeit der Gletscherbewegung nimmt durch die Reibungskraft in Richtung Sohle ab.

- **Sohlgleitung**: Wenn großer Druck auf die Sohle wirkt, kann sich Schmelzwasser bilden, auf dem der Gletscher wie ein Schmierfilm gleitet. „Durch das Eigengewicht des Gletschers sinkt an dessen Basis der Schmelzpunkt des Eises um etwa 0,06 °C pro 100 m. Diese auflastbedingte Schmelztemperatur wird **Druckschmelzpunkt** genannt."[9] Schmelzwasser kann sich aber auch dann bilden, wenn in mäßig kalten Gebiet Eistemperaturen um 0°C vorzufinden sind. Dann kommt es an der Gletschersohle zu Schmelzprozessen und wiederum entsteht ein Schmierfilm.[10]

Neben der Gletscherbewegung, wird noch die **Art der Gletscherbewegung** differenziert. LOUIS unterscheidet die Art der Fortbewegung nach der Geschwindigkeitsverteilung über den Querschnitt:

- **Strömende Bewegung**: Bei dieser Bewegungsart nimmt über den Querschnitt die Fließgeschwindigkeit vom Rand zur Gletschermitte zu, weil dieser randliche Teil durch Reibungskräfte gebremst wird. Dagegen nimmt die Geschwindigkeit in der Vertikalen, also in das Gletscherinnere, ab. Dies liegt daran, dass sich das Eis plastisch fortbewegt (vgl. plastisches Fließen).

- **Blockbewegung**: Das Tempo nimmt hier rasch vom Rand zur Mitte hin zu. Grund für diese Zunahme ist, dass sich eine ruckartige Bewegung ganzer Eisblöcke durch eine starke Eisnachfuhr durch Niederschläge im Nährgebiet ereignet. Die Blockbewegung kann sich aber auch durch eine starke Neigung des Gletscheruntergrunds ereignen. In der vertikalen Ansicht nimmt die Fließgeschwindigkeit kaum ab, weil diese Bewegungsart in erster Linie auf Sohlgleitung beruht.[11] [12]

6. Gletschertypen

6.1 Nach der Orographie
LOUIS gliedert die Gletscher in orographische Typen der Vergletscherung und unterscheidet dabei zwei wichtige Arten:

1. Untergeordnete Vergletscherung: Gletscher werden durch das Relief „dirigiert"
   1.1. **Talgletscher** werden auch als alpine Gletscher bezeichnet. Sie befinden sich in Hochgebirgen und haben eine sehr lange Gletscherzunge. Im Vergleich zum Inlandeis sind die Berggipfel

---

[10] PRESS, F. und SIEVER, R. (2008), Heidelberg, S. 582f.

[11] HÜSER, K. (1984), Bayreuth, S. 46 f.

[12] LOUIS, H. und FISCHER, K. (1979), Berlin und New York, S. 417-421

Gletscherfrei. Aufgrund der Hanglage und der Schwerkraft fließen die Gletscherströme durch die Täler hangabwärts. Dabei nehmen sie meistens die gesamte Breite des Tals ein. Wenn einzelne Gletscherströme in ein gemeinsames Talsystem zusammenfließen, dann nennt man diese Ströme **Eisstromnetzen**. Von **Vorlandgletschern** spricht man, wenn Talgletscher weit ins Gebirgsvorland vordringen und wenn sie sich dann zu einer Eismasse verbinden.

1.2. **Kargletscher** zählen im weiteren Sinne zu den Talgletschern, wobei die Gletscherzunge nicht so groß und lang ausgebildet ist wie bei Talgletschern. Solche Gletscher entstehen an Bergflanken, an denen sich Hangmulden (**Kare**) befinden. Kare haben einen nischenförmigen Untergrund (Wanne) und sind von Felswänden umrandet, die meist sehr steil verlaufen. Dadurch werden ständig Schnee, Geröll und Steine in das Kar geliefert. Wenn sich das Eis aus der Karwanne bewegt, fließt es über die Karschelle (Rundhöcker).

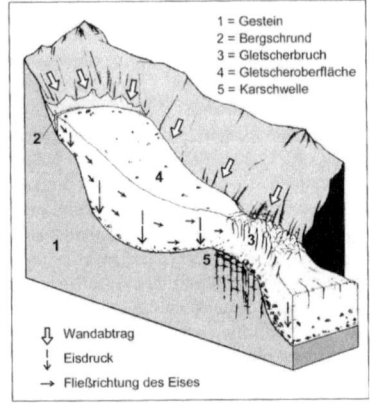

Abbildung 3: Kargletscher

Quelle: ZEPP, H. (2004), Paderborn, S. 192

2. Übergeordnete Vergletscherung: Gletscher sind weitgehend unabhängig vom Relief

2.1. **Inlandeis**: Eine wichtige Voraussetzung, damit diese Gletscherform entstehen kann, ist, dass der Untergrund der Eismassen einer schüsselartigen Mulde gleicht und dass Randgebirge vorhanden sind. Die Oberfläche des Eises ähnelt einer konvexen Linse. Die Eismassen können große Gebiete eines Kontinents bedecken und die Mächtigkeit kann bis zu 4000 m betragen. Beispiele für Inlandeismassen findet man in Grönland und in der Antarktis. Wenn einzelne hohe Gipfel aus dem Eis herausragen, werden diese **Nunataker** genannt. Vom höchsten Punkt aus fällt die Eisoberfläche nach allen Seiten zum Meer hin aus, wobei dünne, auf dem Ozean schwimmende Eismassen (**Schelfeis**) das Inlandeis umgeben. Der größte Teil der Arktis schwimmt als **Eiskappe** (schildförmig ausgebildete Eismasse) auf dem Meer. Daher wird sie nicht als Gletscher bezeichnet. Eiskappen überdecken den Nord- und Südpol der Erde mit Eis. Die Eiskappen der Antarktis und Grönlands befinden sich dagegen fast ausschließlich auf dem Festland und zählen daher zum Inlandeis.

2.2. **Plateaugletscher** bedecken Hochflächen. Die Mächtigkeit ist zwar geringer als im Vergleich zu dem Inlandeis, aber die Gletscherentstehung ist gleich. Plateaugletscher erkennt man daran, dass sich an den Rändern Gletscherzungen bilden, die sich beispielsweise durch Täler hangabwärts bewegen.[13][14][15][16]

---

[13] LOUIS, H. und FISCHER, K. (1979), Berlin und New York, S. 432 f.

6.2 Nach thermischen Eigenschaften:

Neben der Orographie kann man die Gletscher aber auch nach thermischen Eigenschaften genauer unterteilen:

- **Warme (temperierte) Gletscher** besitzen Eistemperaturen um 0 °C, der Schmelzwasseranteil ist relativ hoch und die Bewegung solcher Gletscher erfolgt überwiegend durch Sohlgleitung.

- **Kalte (nichttemperierte) Gletscher** haben Eistemperaturen deutlich unter 0 °C, der Schmelzwasseranteil ist relativ gering. Nichttemperierte Gletscher bewegen sich durch plastische Deformation der Eiskristalle fort. [17] [18]

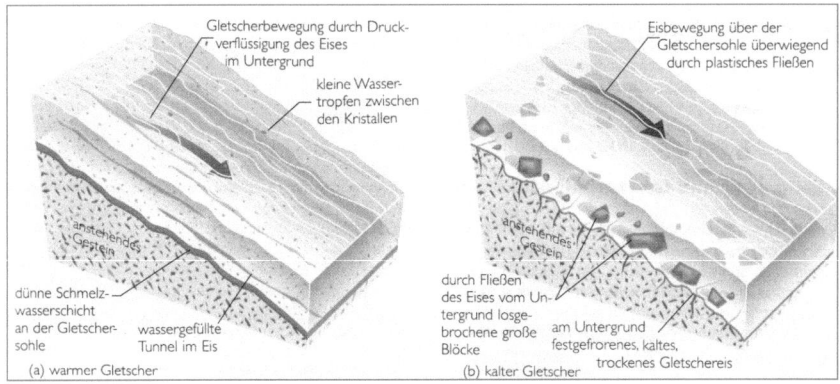

Abbildung 3: Warmer und kalter Gletscher

Quelle: PRESS, F. und SIEVER, R. (1995), Heidelberg, Berlin und Oxford, S. 335

7. Glaziale Prozesse

Durch Gletscherbewegungen werden enorme Mengen an Geröll abgetragen und vom Gletscher transportiert. Der Fels wird am Untergrund durch das mitgeschleppte Gestein auf verschiedene Art und Weise verformt:

---

[14] PRESS, F. und SIEVER, R. (2008), Heidelberg, S. 577 f.

[15] ZEPP, H. (2004), Paderborn, S.187 f.

[16] HÜSER, K. (1984), Bayreuth, S. 48 f.

[17] PRESS, F. und SIEVER, R. (1995), Heidelberg, Berlin und Oxford, S. 335 f.

[18] HÜSER, K. (1984), Bayreuth, S. 47 f.

- **Detersion** (lat. detergere: abwischen): Durch den Schutt, der vom Gletscher transportiert wird, kommt es zu Schleif-, Kratz- und Schrammwirkungen am Felsen, wobei diese Art der Erosion an der Luvseite des Gletschers wirkt.

- **Detraktion** (lat. detrahere: abziehen): Wenn Wasser in Spalten eindringt und dort gefriert, bricht es dann Material aus dem Fels. Diese herausbrechende Erosion liefert neuen Schutt, der dann weiter transportiert werden kann und an anderer Stelle wiederum zur Detersion führt.

- **Exaraktion** (lat. exarare: durchfurchen): Lockermaterial wird aus dem Gestein ausgeschürft, aufgenommen und an der Gletscherzunge abgelagert. [19] [20]

8. Glaziale Erosionsformen

- Weil der Gletscher an der Gletschersohle Gestein und Geröll transportiert, werden Untergrund und mitgeschlepptes Gestein durch Detersion geschrammt. Es entstehen Gletscherschrammen, die Hinweise auf die Gletscherbewegung und deren Richtung geben. Diese **Gletscherschrammen** oder **Gletscherschliffe** sind sehr wichtig, um die Fließrichtung bei Inlandeismassen zu erkennen, weil sie nicht, wie bei Talgletschern, durch Täler hangabwärts fließen und dort die Fließrichtung durch Täler klar vorgegeben ist.

- Am Gletscherursprung erschafft das Eis durch Herausbrechen von Gestein eine lehnsesselförmige Hohlform mit steiler Rückwand namens **Kar**. Der Karboden, der muldenförmig ausgetieft ist, steigt zur Karschwelle wieder an. Wenn mehrere Kargletscher einen Berg von verschiedenen Seiten her angreifen, entsteht ein pyramidenartiger Gipfel (**Karlinge**).

- Ein Talgletscher schürft entweder ein Tal aus oder verformt ein vorhandenes Tal zu einem **Trogtal** (U-Tal), wenn der Gletscher sich vom Kar aus hangabwärts bewegt. Die Wände sind im Vergleich zum Kerbtal (V-Tal), die durch fluviale Erosion entstehen, steil oder fast senkrecht. Ein typisches Kennzeichen für ein Trogtal ist die Trogschulter, die sich über den steilen Talhängen befindet.

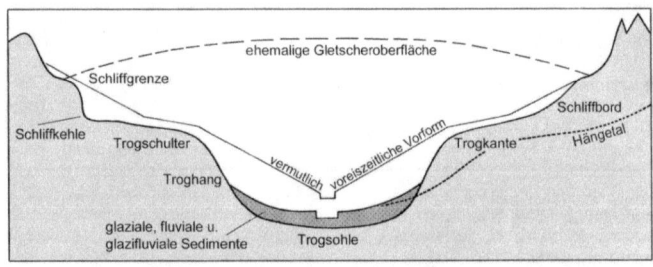

Abbildung 4: Trogtal

Quelle: ZEPP, H. (2004), Paderborn, S. 193

---

[19] HÜSER, K. (1984), Bayreuth, S. 53 f.

[20] PRESS, F. und SIEVER, R. (2008), Heidelberg, S. 586 ff.

- **Fjorde** sind ehemalig Trogtäler, die vom Meer überflutet wurden.
- Ein **Hängetal** entsteht, wenn ein Nebengletscher oder Seitengletscher in einen Hauptgletscher fließt. Die Eisoberfläche beim Zusammenfluss von Neben- und Hauptgletscher befindet sich zwar auf gleicher Höhe, dagegen liegt die Sohle des Nebengletschers wegen der geringeren Erosionskraft höher als die Sohle des Hauptgletschers. Sobald der Gletscher nun abschmilzt, bleibt das Seitental als Hängetal zurück und das eisfreie Tal wird von einem Fluss eingenommen, wobei durch den Höhenunterschied zwischen Hängetal und Trogtal Wasserfälle entstehen.
- Ein **Rundhöcker** ist ein länglicher Hügel aus anstehendem Gestein, der durch einen Eisstrom geformt wurde. Die Luvseite ist durch Detersion glatt abgeschliffen und steigt sanft an, während die Leeseite durch Detraktion aufgeraut ist und steil abfällt. Die asymmetrische Form gibt Aufschluss über die Fließrichtung der Gletscher.[20] [21] [22]

9. Glaziale Akkumulationsformen
Ablagerungen durch Gletscher nennt man glaziale Akkumulation und Ablagerungen durch Schmelzwässer zählt man zur glazifluvialen Akkumulation.[3]

9.1 Glaziale Akkumulation
Moränen sind glazigene Schuttmassen, die aus steinigem, tonigem oder sandigem Material bestehen können, die sich entweder auf oder im Gletscher befinden oder auch vom Gletscher abgesetzt worden sind. Das Gesteinsmaterial, das durch das Gletschereis bewegt worden ist, nennt man **Geschiebe**. Die Ablagerung einer Moräne besteht aus unsortierten und unterschiedlichen Lockergesteinsmassen. Es gibt vier Grundtypen der Moräne, die je nach ihrer Lage zum Gletscher bezeichnet werden:

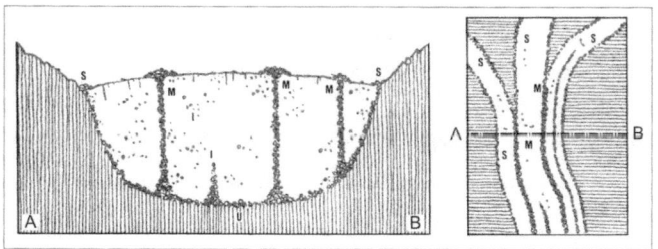

Abbildung 5: Moränen im Querschnitt und im Aufriss

Quelle: ZEPP, H. (2004), Paderborn, S. 197

[21] ZEPP, H. (2004), Paderborn, S. 192-195

[22] HÜSER, K. (1984), Bayreuth, S. 57-60

- Die **Endmoräne** entsteht an der Gletscherzunge. Wenn die Gletscherzunge stationär an einem Ort steht, sind Akkumulation und Ablation im Gleichgewicht. Dieses Gebiet kennzeichnet den weitesten Vorstoß des Gletschers.

- Gesteinsmaterial, das an der Gletschersohle erodiert, transportiert und unter dem Gletschereis abgelagert wird, bezeichnet man als eine **Grundmoräne**. Diese Art der Bildung erfolgt stets hinter der Endmoräne.

- Seitlich vom Gletscher bilden sich **Seitenmoränen**. Der größte Anteil an erodiertem Gesteinsmaterial, der den Seiten zugeführt wird, stammt aus der Grundmoräne. Steinschlag und anstehendes Gestein an der Gletscherseite bilden zusammen den kleineren Anteil an der Bildung einer Seitenmoräne.

- Sobald mindestens zwei Gletscher zusammenfließen, vereinigen sich die beiden einander zugewandten Seitenmoränen zu einer **Mittelmoräne**.

- Eine Sonderform der Grundmoränenlandschaft bilden die **Drumlins**. Sie sind längliche stromlinienförmige Hügel, die aus Geschiebe bestehen. Die Grundform erscheint wie ein umgedrehter Suppenlöffel und ähnelt dabei der Rundhöckerform, wobei bei Drumlins die zum Eisstrom zugewandte (Luv-) Seite steil ansteigt und die abgewandte (Lee-) Seite flach abfällt.

- Sobald Eisblöcke aller Art keine Verbindung mehr zu einem Gletscher und dessen Nährgebiet besitzen, weil dieser sich zurückgezogen hat, spricht man von **Toteis**. Die Hohlform, die der Eisblock nach dem Abschmelzen hinterlassen hat, wird von einem See gefüllt. Sobald kleine Eisblöcke abschmelzen, hinterlassen diese meist rundliche Gruben, die man dann **Sölle** nennt. [23] [24] [25]

9.2 Glazifluviale Akkumulation

Unter glazifluvialer Akkumulation versteht man Ablagerungen durch Schmelzwasserprozesse, die die Moränen durchstoßen und das mitgeführte Material entsprechend ihrer Korngröße sortieren (Korngrößensortierung):

- Während der Vergletscherung akkumulieren Sand und Kies zwischen Toteisblöcken. Wenn nun das Eis abschmilzt, zerfällt die Auflagerung in sich zusammen und es bilden sich kleine flache Hügel (**Kames**).

- **Oser** sind lange, dammartige, gewundene Aufschüttungen. Diese subglaziale Akkumulationsform bildet sich, wenn Schmelzwässer durch Tunnel an der Gletschersohle fließen und das sortierte Material ablagern. [23] [25]

---

[23] ZEPP, H. (2004), Paderborn, S. 196-201

[24] HÜSER, K. (1984), Bayreuth, S. 60 f.

[25] PRESS, F. und SIEVER, R. (2008), Heidelberg, S. 591 ff.

10. Glaziale Serie

Das idealtypische Zusammenspiel aus glazialen und glazifluvialen Prozessen und Formen bezeichnet man als Glaziale Serie. Dieses Modell stammt von den Forschern A. Penck & E. Brückner. Der Grundgedanke der beiden Forscher geht davon aus, dass die Formen der Eisrandlagen einer Vorland-vergletscherung idealtypisch in Abhängigkeit von ihrer Entfernung zum letzten Eisrand ausgebildet sind. Dabei veranschaulicht die Glaziale Serie eine Landschaft, die durch Eis und Schmelzwasser verformt wurde. Die Grundelemente setzen sich aus Grundmoräne, Zungenbecken, Endmoräne, Sander und Urstromtal zusammen. Weitere Formen können Sölle, Drumlins, Kames, Oser und Glaziale Seen sein. Letztere sind Zungenbecken oder Schmelzwasserrinnen, die durch Schmelzwasser aufgefüllt worden sind.

Sowohl im Alpenvorland als auch in Norddeutschland befinden sich Grundmoränen und die Endmoränen, die die Stillstandphase des Gletschers markieren. In Norddeutschland werden die Schmelzwassersedimente als Sander und im Alpenvorland als Schotterfelder bezeichnet. Daneben gab es in Norddeutschland Urstromtäler, die das Schmelzwasser nach Westen in die Nordsee leiteten. Im Alpenvorland konnte das Schmelzwasser entsprechend durch die Täler Richtung Norden abfließen. [26] [27]

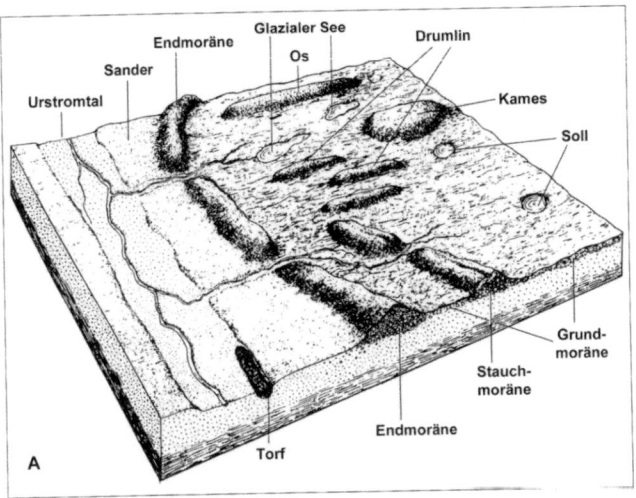

Abbildung 6: Glaziale Serie in Norddeutschland

Quelle: ZEPP, H. (2004), Paderborn, S. 202

---

[26] AHNERT, F. (1996), Stuttgart, S. 346 ff.

[27] ZEPP, H. (2004), Paderborn, S. 201 f.

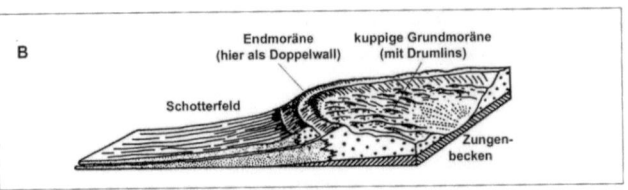

Abbildung 7: Glaziale Serie im Alpenvorland

Quelle: ZEPP, H. (2004), Paderborn, S. 202

11. Eiszeit

Inlandseismassen haben sich damals weit über die polaren Gebiete ausgedehnt. Grund für die Annahme fand man in Lockersedimenten, die durch glaziale Prozesse entstehen, die man in den hohen und mittleren Breiten vorfindet, in denen heute ein gemäßigtes Klima herrscht. Durch neueste Techniken kann heute das Alter dieser glazialen Sedimente sehr genau bestimmt werden. Die Wissenschaft nutzt hierbei radiometrische und dendchronologische Altersbestimmung an Baumstämmen. Im Pleistozän (Beginn: vor 1,8 Mio. Jahren; Ende: vor etwa 11000 Jahren), der jüngsten Epoche der Erdgeschichte, wurden wichtige Hinweise der letzten Kaltzeiten abgelagert. Der Vorstoß der Gletscher wird durch deren Endmoränen dokumentiert, die aus Sand- und Lehmablagerungen bestehen. Die letzte Kaltzeit in Norddeutschland wird **Weichsel-Eiszeit** genannt. Die Eismassen drangen vom Norden Deutschlands bis etwa Berlin vor. Parallel dazu bezeichnet man die Kaltzeit der Alpen als **Würm-Eiszeit.**

Nach der Hypothese von Agassiz, erkannte man, dass es im Pleistozän ein Wechsel zwischen Kaltzeiten (Eiszeiten) und warmen Zeitperioden (Interglaziale oder Warmzeiten) stattfand. Grund dafür war, dass man in den Sedimentschichten der Gletscherablagerung den Wechsel zwischen glazialen Schichten und aber auch Schichten mit fossilen Pflanzen fand, die Aufschluss darüber gaben, dass es hier nährreiche Böden und warme Klimazonen gab. Daraus lässt sich folgern, dass sich die Gletscher, als sich das Klima erwärmte, zurückgezogen haben müssen.

Man glaubte zu Beginn des 20. Jahrhunderts, dass Europa während des Pleistozäns vier großen Eisphasen (alt nach jung) ausgeliefert war:

- Nordeuropa: Menap-, Elster-, Saale und Weichselkaltzeit
- Alpen: Günz-, Mindel-, Riß-, und Würmkaltzeit

„Dieses einfache Gliederungsschema wurde im ausgehenden 20. Jahrhundert revidiert, als Geologen und Ozeanographen in den Sedimenten der Ozeanböden Belege für eine vielfache Erwärmung und Abkühlung der Ozeane fanden.“[28]

Jede Vorstoßphase von Gletschern geht mit einer weltweiten Absenkung des Meeresspiegels einher. In den Warmzeiten dagegen steigt der Meeresspiegel wieder an. Zwar bleiben bis heute die ursächlichen Faktoren für die Vereisung unentdeckt, so scheint dagegen die allgemeine Klimaabkühlung durch den Kontinentaldrift abhängig zu sein. Der Wechsel zwischen Kalt- und Warmzeiten lässt sich durch periodische Erdumlaufbahnänderungen (Milankovitch-Zyklen) erklären. Die Sonneneinstrahlung, die die Erdoberfläche erreicht, wird durch geringe periodische Erdumlaufschwankungen und der Rotationsachse beeinflusst, was sich wiederum auf die Erwärmung oder Abkühlung der Erde auswirkt.[28]

Literaturverzeichnis

AHNERT, F.: Einführung in die Geomorphologie.- Stuttgart 1996.

CHRISTOPHERSON, R. W.: Geosystems.- New Jersey 2006.

HÜSER, K.: Skript zur Vorlesung: Allgemeine Geomorphologie I und II.- Bayreuth 1984.

LOUIS, H. und FISCHER, K.: Allgemeine Geomorphologie.- Berlin und New York 1979.

PRESS, F. und SIEVER, R.: Allgemeine Geologie.- Heidelberg, Berlin und Oxford 1995.

PRESS, F. und SIEVER, R.: Allgemeine Geologie.- Heidelberg 2008.

STRAHLER, A. H. und STRAHLER, A. N.: Physische Geographie.- Stuttgart 2002.

ZEPP, H.: Geomorphologie.- Paderborn u.a. 2004.

---

[28] PRESS, F. und SIEVER, R. (2008), Heidelberg, S. 595-601